Touchable Engineering(감동공학)

JN435967

3D 프린팅으로

창의력을 키워요!

진샘미디어
JINSAEM

생각을 만들어 보세요

인류가 발전을 하는 것은 새로운 생각에 의한 것이라 할 수 있다. 즉 창의력은 인류를 발전시키는 원동력인 것이다. 불편한 현재를 편리한 미래로 바꾸고 싶은 마음은 여러분의 가슴 속에서 뛰어나올 준비를 하고 있다.

땅! 이제 출발인 것이다.

3D 프린팅에 관련한 교육들이 있으나 기능위주의 교육에 한숨을 쉬었다. 3D 프린팅은 프린팅을 하기 위한 기능도 중요하지만 3D 프린팅을 활용한 그 이상의 것이 있다고 생각했다. 그 이상의 것을 공학을 이해하는데 활용하고자 한다. 그것이 감동공학(感同功學; Touchable Engineering)의 시작이었다. 저자는 '사회와 소통하여 사회와 함께 발전하는 공학'을 감동공학이라 정의했다.

본 교재의 개발 목적은 3D 프린팅을 이용하여 감동공학을 교육하는 것이다. 이를 3D 프린팅을 통해 교육하는 것이 본 교재 개발의 목적이다. 어려운 공학이 아니라 재미있는 공학을 위하여…

교육을 진행하면서 가장 큰 고민은 시간 활용이었다. 프린팅하는 동안에 주제와 관련된 교육 내용을 강의하였고 창의활동을 진행하였다. 이 교재는 워크북(work book)으로 만들어졌다. 교육을 진행하는 과정 중에 내용을 정리하고 새로운 생각을 자유롭게 메모하도록 하여 새로운 생각을 만들어 내기 위함이다. 그래서 강의를 진행하는 분의 노력에 따라 교육의 효과가 달라진다. 물론 교육에 참여한 분들의 의지가 가장 중요하지만…

본 교재는 3D 프린팅을 활용한 창의력 개발과정의 첫 번째 단계이다. 앞으로 이후의 단계를 더 개발하여 현재를 불편함을 편리함으로 바꾸고자 한다.

교육 진행 중 안전 수칙

1 재료가 출력되는 노즐의 온도가 고온(200℃ 이상)이므로 노즐 주변 장치에 신체를 접촉할 경우 화상을 입을 수 있으니 조심하세요.

2 출력 후에도 온도가 완전히 내려가기 전까지는 노즐 부위를 만지면 화상을 입을 수 있으니 조심하세요.

3 노즐이나 히팅베드에 신체를 접촉할 경우 화상을 입을 수 있으므로 완전히 냉각되기 전에는 만지지 마십시오.

4 프린터의 움직이는 장치에 신체의 일부가 끼여 상해를 입을 수 있으니 주의하세요.

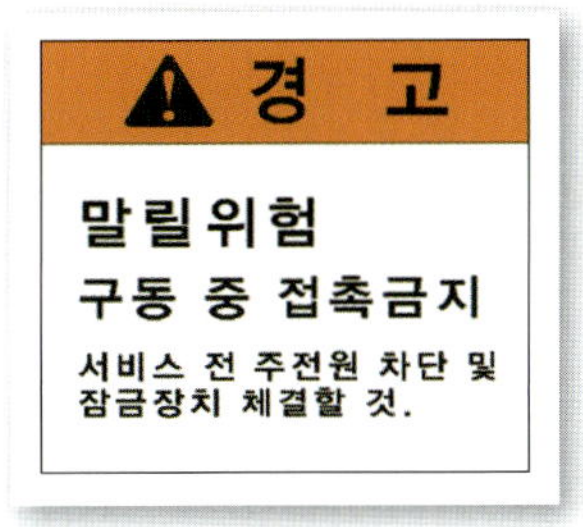

5 도구를 사용할 경우 상처를 입지 않도록 주의하세요.

6 출력물 및 버려지는 재료를 삼킬 경우 질식 등의 위험이 있으므로 삼키지 않도록 하세요.

7 전기 콘센트를 다룰 경우에는 감전에 주의하세요.

차례

부록

1 3D 사진 열쇠 고리 만들기

가 왜 그럴까 예측해 보세요.

1. 무엇을 이용하여 빛을 만들었을까요?

그림 1

그림 2

2. 빛은 어디에서 비추는 것일까요?

3. 비추는 빛은 무슨 색일까요?

내 생각을 노트하세요.

나 무엇을 알 수 있을까요?

1. 빛의 직진성을 설명할 수 있습니다. [초등 4학년, 초등 6학년]

2. 빛의 반사를 이용할 수 있습니다. [초등 4학년, 초등 6학년]

다 준비하세요!

- 원통 1개, 야광비즈 1개, 반투명 종이 1장, 은박 포장지 6장, 목걸이줄 1개, 셀로판지 4장 등

내 생각을 노트하세요.

라 실험하세요.

[무지개 물방울 목걸이를 만들어보자.]

1. 원통 중간부분의 원형 홈에 가는 목걸이 줄을 구멍으로 끼워 줄을 빼낸 후 야광 비즈를 끈에 끼워 원통까지 밀어 넣고 끈을 묶어 주세요.

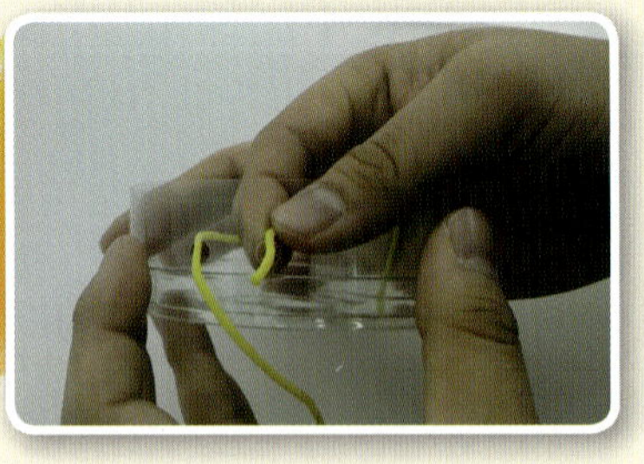
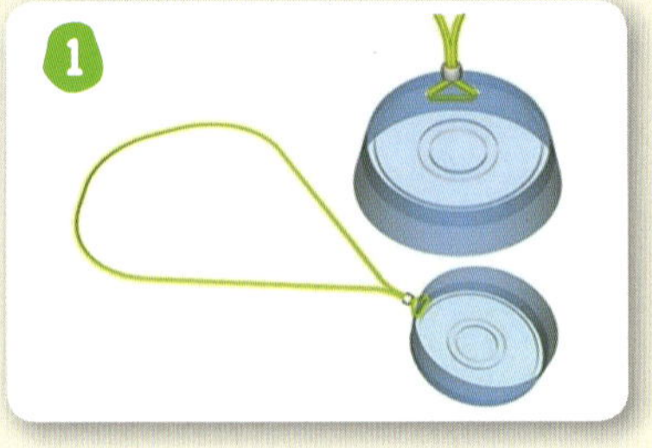

2. 그림처럼 원통 뚜껑 안에 반투명 종이를 원통 뚜껑 바닥에 붙여 주세요.(정전기로 반투명 종이가 잘 떨어지지 않습니다.)

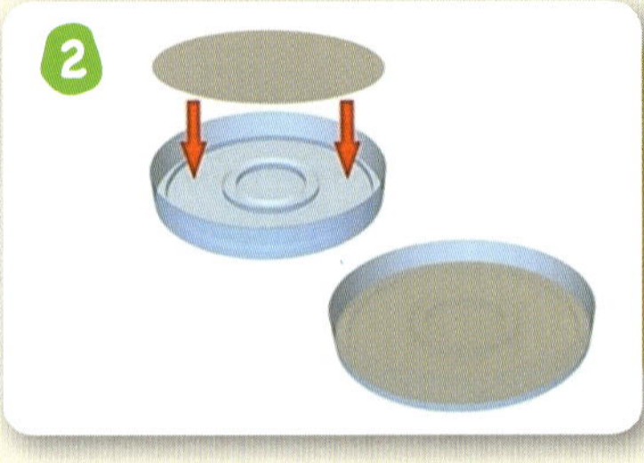

3. 여러 가지 색의 셀로판지를 스카치테이프로 겹쳐서 붙여 가로와 세로가 약 8㎝ 이상인 정사각형을 만듭니다. 만들어진 사각형을 가위로 지름 약 8㎝정도 되도록 원형으로 자르세요. 원형인 셀로판지를 원통의 바닥에 넣어 잘 펴세요.

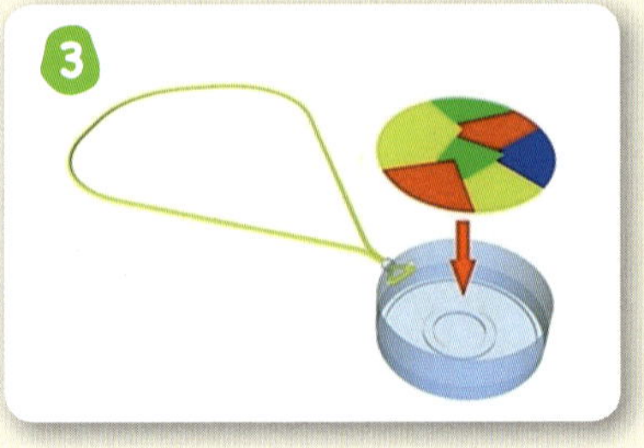

내 생각을 노트하세요.

〈손전등을 한 가지 색의 셀로판지만 있는 부분, 두 가지 색의 셀로판지가 겹쳐진 부분과 세 가지 색의 셀로판지가 겹쳐진 부분으로 구분하고 그 뒤에서 비추어 빛이 어떤 색인지 관찰합니다. 셀로판지 색과 빛의 색을 정리한 표를 만들어 보세요.〉

4. 은박 포장지를 서로 다른 길이로 자르고 원통형으로 말아 스카치테이프로 붙여주세요. 다양한 크기로 여러 개를 만듭니다.

5. 만든 원형 은박포장지를 원통 안에 넣고 원통 뚜껑을 끼워주세요.

내 생각을 노트하세요.

6. 만들어진 원통을 손전등 위에 올려놓고 관찰해 봅니다.

마 재미있게 상상하세요!

I 3D 그림 I

내 생각을 노트하세요.

1. 열쇠고리로 만들 사진을 촬영하세요.(휴대전화나 노트북의 카메라 이용)

2. 사진을 노트북 컴퓨터로 옮기세요.

3. 한캐드에서 3차원 데이터로 변환하세요.

4. 3차원 데이터를 프린팅 자료로 변환하세요.

5. 3D 프린터를 이용하여 프린트 하세요.

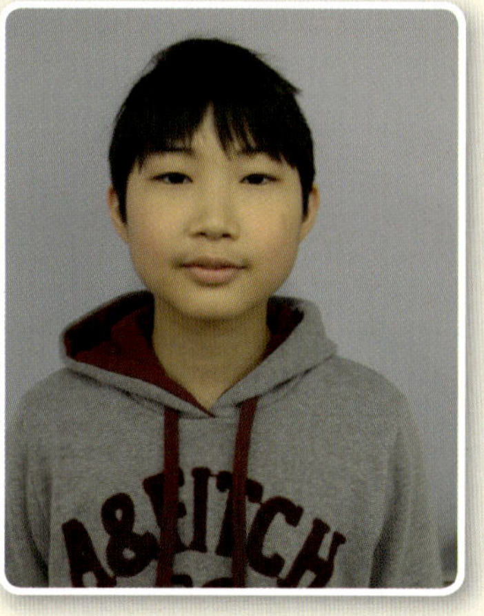

▮ 사진 ▮

▮ 프린팅 3D 사진 ▮

내 생각을 노트하세요.

바 결과를 정리하세요.

1. 무지개 물방울 목걸이의 앞면에서 관찰할 때 빛이 셀로판지만을 통과한 경우와 셀로판지와 은박포장지로 만든 원통을 통과한 경우를 비교하세요.

같은 현상

다른 현상

2. 프린팅 재료(PLA 필라멘트)는 다양한 색이 있습니다. 재료의 색에 따라 3D 사진의 선명도를 비교해보세요.

내 생각을 노트하세요.

사 왜 그럴까요?

1. 무지개 물방울 목걸이의 셀로판지 뒷면에서 손전등을 이용하여 빛을 비추어 보세요. 셀로판지만을 통과한 경우와 셀로판지와 은박포장지로 만든 원통을 통과한 경우를 비교할 때, 차이가 발생하는 이유는 무엇일까요?

2. 3D 프린팅한 열쇠고리의 뒷면에서 빛을 비추고 앞면에서 관찰하면 밝기 차이에 의해 사진이 3차원으로 보입니다. 밝기 차이가 발생하는 이유는 무엇일까요?

내 생각을 노트하세요.

아 이유가 맞는지 확인해보세요!

1. 무지개 물방울 목걸이에서 은박포장지 대신 색종이를 사용하여 관찰하여 보세요.

2. 슬라이서(slicer)에서 출력밀도(density)를 변화시키면 3D 사진이 어떻게 달라지는지 관찰해 보세요.

3. 슬라이서(slicer)에서 층별 높이를 변화시키면 3D 사진이 어떻게 달라지는지 관찰해 보세요.

내 생각을 노트하세요.

자 함께 새로운 세상을 설계해 보세요!

1. 우리 주변에서 빛의 직진과 반사를 이용한 제품들을 찾아보세요.

예

2. 빛을 이용하여 하고 싶은 것을 토론해 보세요.

차 함께 만들어 보세요.

위 항목에서 찾은 것을 3D 프린팅을 이용하여 만들어 보세요.

내 생각을 노트하세요.

카 교과서 학습 내용

1. 우리는 눈을 통해 세상을 봅니다.

태양이나 전구와 같은 광원(스스로 빛을 내는 물체)에서 나온 빛이 우리 눈으로 들어오면 물체를 볼 수 있어요.

2. 광원이 아닌 물체를 우리는 어떻게 볼 수 있는 것일까요?

우리가 광원이 아닌 물체를 볼 수 있는 것은 바로 빛의 반사 때문이에요. 광원에서 나온 빛이 물체의 표면에 부딪쳐 반대 방향으로 되돌아 나오고, 되돌아 나온 빛의 일부가 우리 눈으로 들어온 것이지요. 그래서 동일한 물체라도 광원이 달라지면 우리는 그 물체를 다른 색으로 보게 됩니다. 예를 들어 똑같은 채소라도 광원이 달라지면 색깔이 다르게 보이는 것입니다.

3. 그림자는 왜 생길까요?

빛이 똑바로, 즉 직선으로 나아갑니다. 가로막는 물체가 없으면 빛은 직선으로 계속 나아가지요. 만약 장애물이 투명하다면 빛은 그 물체를 통과해 계속 나아갈 수 있습니다. 하지만 장애물이 투명하지 않다면 빛이 뚫고 지나갈 수 없어요. 그래서 장애물의 뒷면에 그림자가 생기는 것이지요. 즉, 그림자는 빛이 직진하는 성질이 있기 때문에 생기는 현상입니다.

맛있는 빛?!

그림자의 색깔은?

내 생각을 노트하세요.

2 윈드카(Wind Car)

가 왜 그럴까 예측해보세요.

1. 공기를 넣은 풍선의 입구를 놓으면 풍선은 공중으로 날아갑니다. 이 풍선은 어떻게 날아가는 것일까요?

2. 풍선의 크기와 풍선이 날아가는 속력은 어떤 관계일까요?

나 무엇을 알 수 있을까요?

1. 여러 가지 힘에 대해 설명할 수 있습니다. [초등 6학년, 중 2학년]

2. 힘과 운동의 관계를 설명할 수 있습니다. [중 1학년]

3. 전기와 자기의 관계를 설명할 수 있습니다. [초등 6학년, 중 3학년]

내 생각을 노트하세요.

다 준비하세요!

- 바퀴 4개, 고속모터 1개, 빨대 2개, 양면테이프, 프로펠러 1개, 건전지 2개, 건전지홀더 1개 등

라 실험하세요.

1. 건전지 홀더의 밑면에 2개의 양면테이프를 적당한 간격을 두어 붙이세요.

내 생각을 노트하세요.

2. 빨대를 양면테이프에 붙이고 한쪽에 바퀴를 조립한 바퀴축을 각각의 빨대에 끼우세요. 그리고 나머지 한쪽에도 바퀴를 끼워 주세요. 〈손을 다치지 않도록 조심하세요.〉

3. 고속모터를 건전지 홀더의 위면에 양면테이프를 이용하여 붙입니다. 그리고 건전지 홀더와 결합된 전선 중 검정색 선을 모터의 오른쪽 단자에 빨강색 선을 모터의 왼쪽 단자에 연결하세요.〈피복을 벗기고 금속 전선을 꼬아서 단자 구멍을 통과시켜 연결하면 쉽게 할 수 있어요.〉

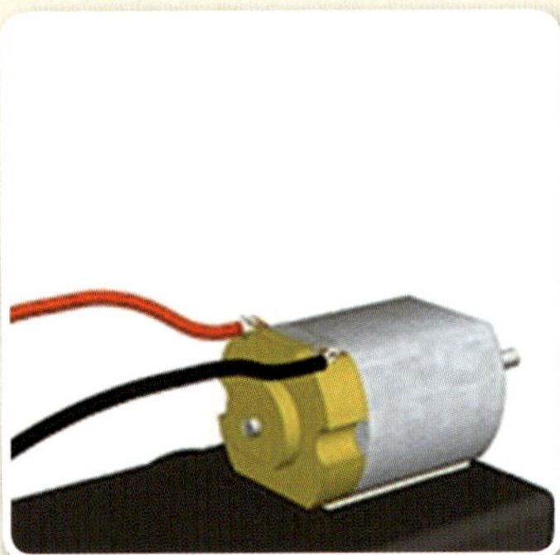

내 생각을 노트하세요.

4. 고속모터 축에 프로펠러를 끼워서 조립합니다. 〈스위치의 위치가 OFF에 있는지 확인합니다.〉

마 재미있게 상상하세요!

1. 자동차 바퀴의 지름을 40㎜, 60㎜, 80㎜ 중에서 관찰하고 싶은 크기를 결정하세요. 〈주어진 바퀴의 지름은 20㎜입니다.〉

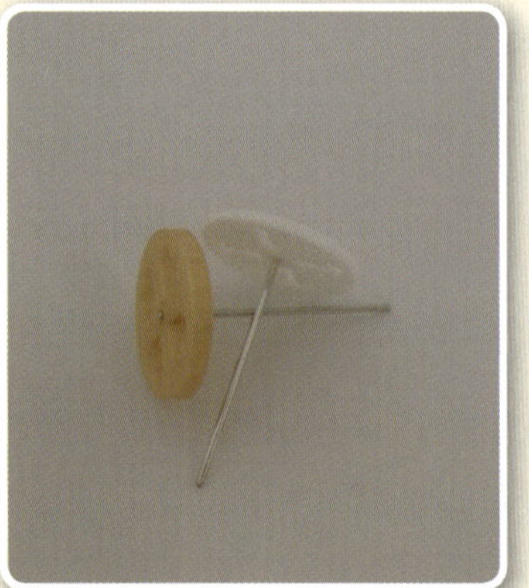

2. 한캐드를 이용하여 나만의 바퀴를 디자인 하세요.

내 생각을 노트하세요.

3. 3차원 데이터를 프린팅 자료로 변환하세요.

4. 3D 프린터를 이용하여 프린팅하세요.

5. 프린팅 된 바퀴를 이용하여 앞에서 한 실험을 다시 해 보세요. 속력이 어떻게 변화되었는지 관찰하세요.

바 결과를 정리하세요.

1. 검정색 전선과 빨강색 전선의 위치를 바꾸어 연결하였을 경우, 자동차의 어떻게 움직이나요? (정상적으로 연결하였을 경우와 비교하여 설명하세요.)

2. 바퀴의 크기에 따라 자동차의 가속도는 어떤 차이를 보이나요? (정지한 자동차를 출발시켜 자동차가 2m를 통과하는데 걸리는 시간으로 측정하세요.)

내 생각을 노트하세요.

3. 긴 거리를 이동할 경우, 바퀴의 크기에 따라 걸리는 시간은 어떤 차이를 보이나요?(자동차가 출발하여 10m를 통과하는데 걸리는 시간을 측정하세요.)

사 왜 그럴까요?

1. 직류 모터는 (+)와 (-)를 바꾸면 전류의 방향이 반대방향이 되어 모터의 회전방향도 반대가 됩니다. 따라서 프로펠러가 반대방향으로 회전하여 공기를 앞쪽으로 보내어 작용력이 자동차의 앞으로 작용하고 이에 대한 반작용으로 자동차는 뒤로 움직이게 됩니다.

2. 바퀴의 지름이 클수록 회전하는 것에 대한 관성이 커져서 가속도가 작아집니다. 자전거를 예로 들면, 큰 바퀴(높은 단의 기어)로 출발할 때가 작은 바퀴(낮은 단의 기어)로 출발할 때에 비해 힘이 많이 드는 것으로 알 수 있습니다. 그렇지만 출발을 하고 나면 관성에 따라 빠르게 움직일 수 있지요.

내 생각을 노트하세요.

아 이유가 맞는지 확인해보세요!

1. 쇠구슬을 이용하여 자동차의 무게를 증가시킨다면 자동차의 가속도는 어떻게 달라질까요?(자동차의 무게와 관성력과의 관계는 어떤 관계일까요?)

2. 모터가 자동차의 바퀴를 직접 회전시킨다면 모터의 출력과 자동차 바퀴는 어떤 관계일까요?

자 함께 새로운 세상을 설계해 보세요!

1. 우리 주변에서 관성을 이용한 제품을 찾아보세요.

2. 뉴턴의 법칙을 이용한 장난감을 고안해 보세요.

차 함께 만들어 보세요.

위 항목에서 고안한 것을 3D 프린팅을 이용하여 만들어 보세요

내 생각을 노트하세요.

카 교과서 학습 내용

1. 힘

힘은 물체의 운동방향이나 속력을 변화시킵니다. 힘의 크기를 나타내는 단위는 N(Newton)이라고 합니다. 이것은 여러분들이 알고 있는 위인 뉴턴을 기념하기 위해 사용된 것입니다.

힘은 크기도 중요하지만 방향도 중요해요. 힘의 작용방향에 따라 운동방향이나 속력의 변화 정도가 달라진다는 것을 의미합니다.

2. 뉴턴의 세 가지 운동 법칙

뉴턴은 힘과 운동에 대해 어떤 생각을 했을까요? 뉴턴은 물체의 운동과 힘 사이에는 다음과 같은 세 가지 법칙이 작용한다고 주장했습니다.

첫 번째가 관성의 법칙입니다. 움직이고 있는 물체는 계속 움직이려고 하고, 멈추어 있는 물체는 계속 멈추어 있으려고 하는 성질을 관성이라고 합니다. 즉, 물체가 현재의 운동 상태를 계속 유지하려는 성질인 것입니다. 이 때 물체는 외부에서 물체의 운동 상태를 변화시키는 힘을 받지 않는 상태입니다.

예를 들면 버스가 출발하면 버스 안의 사람들은 계속 그 자리에 있으려고 하므로 몸이 뒤로 쏠리게 됩니다. 반대로 가던 버스가 갑자기 멈추게 되면 버스 안 사람들은 계속 가려고 해서 앞으로 몸이 쏠리게 됩니다.

뉴턴의 두 번째 법칙은 가속도의 법칙입니다. 물체가 점점 빨라지거나 점점 느려지는 정도를 가속도라고 해요. 어떤 물체에 힘을 주면 물체의 운동 속도가 점점 빨라져요. 반대로 힘을 주고 있는 손에서 힘을 빼면 물체의 운동 속도는 점점 느려지지요.

큰 힘을 주면 물체의 가속도도 커집니다. 그래서 수레를 세게 밀면 수레의 운동 속도가 짧은 시간 안에 빨라지고, 수레를 약하게 밀면 수레의 운동 속도가 천천히 빨라지지요.

내 생각을 노트하세요.

질량이 다른 물체에 같은 힘을 주면, 질량이 큰 물체의 가속도는 질량이 작은 물체의 가속도보다 작습니다. 그래서 짐을 많이 실은 수레와 짐을 조금 실은 수레를 같은 힘으로 밀면 짐은 조금 실은 수레가 더 빠르게 움직이는 거예요.

뉴턴의 세 번째 법칙은 작용 · 반작용의 법칙입니다. 인라인스케이트를 타고 벽을 향해 서서 두 손으로 벽을 힘껏 밀면 어떻게 될까요? 몸이 뒤쪽으로 움직입니다. 분명 벽을 향해 힘을 주었는데, 왜 몸은 벽과 반대 방향으로 움직이는 걸까요? 그것은 벽을 향해 힘을 준만큼 벽이 나에게 힘을 주었기 때문이에요. 이와 같이 작용하는 힘이 있으면 그 힘의 반대 방향으로 같은 크기의 힘이 작용하는 것을 작용·반작용의 법칙이라고 합니다. 운동장에서 달리기를 할 때를 예로 들면, 앞으로 나가기 위해 힘을 주어 땅을 뒤로 밀면(작용), 땅도 반대 방향으로 사람을 힘차게 밀어서(반작용) 사람이 앞으로 나아갈 수 있습니다.

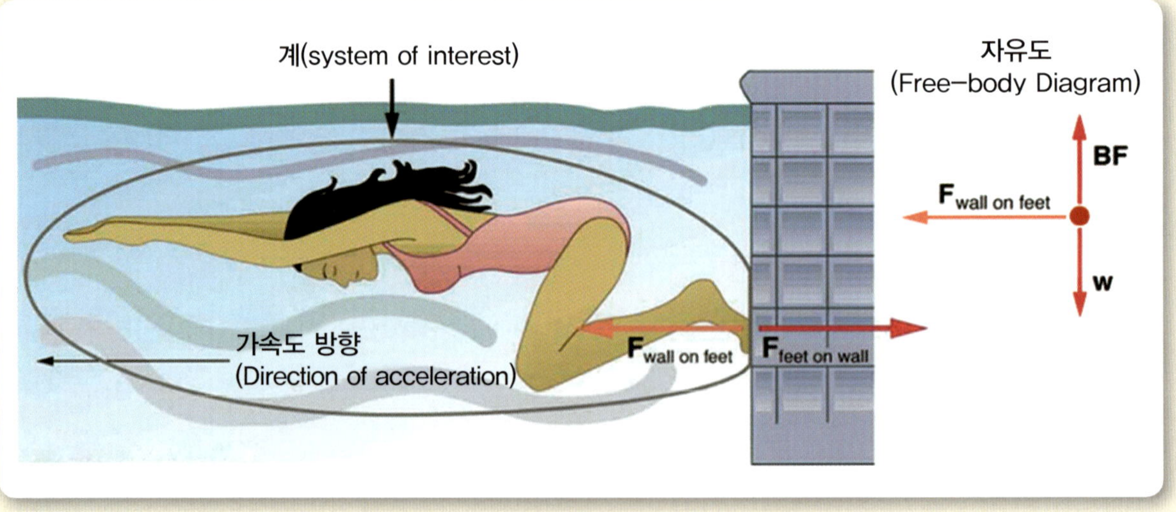

힘과 운동과의 관계

내 생각을 노트하세요.

3. 일은 에너지와 같다?

일상생활에서 일은 “몸을 쓰거나 머리를 써서 돈을 벌고 수고하는 여러 활동”을 말하지만 과학에서는 “물체에 힘을 작용시켜 물체가 힘을 받는 방향으로 움직였을 때, 힘과 거리의 곱”을 일이라고 부릅니다. 예로, 역기선수가 제자리에서 역기를 들었다면 과학적으로 일을 한 것일까요? 정답을 일을 하지 않은 것입니다. 힘의 방향과 물체의 이동방향이 직각을 이루고 있기 때문이죠. 이렇게 과학적인 일은 힘과 이동 거리의 방향이 중요합니다.

에너지란 일을 할 수 있는 능력을 말합니다. 그래서 어떤 일을 하는데 드는 에너지의 양은 그 일의 양과 같습니다. 따라서 에너지의 단위와 일의 단위는 J(Joule)로 같습니다.

4. 모터에 전기를 연결하면 왜 회전할까요?

자석은 자석끼리 서로 밀어 내거나 끌어당기는 힘, 또는 다른 물체를 끌어당기는 힘을 가지고 있습니다. 이와 같은 자석의 힘을 자기력이라고 합니다. 자기장은 자기력이 미치는 범위를 말하는데 자기장의 범위에서는 자석의 자기가 일정한 방향으로 흐릅니다. 이 방향을 선으로 연결한 것이 자기력선입니다.

우리가 사용하는 건전지의 양극이 전선으로 이어져 있으면 전자는 음(−)극에서 나와 전선을 타고 양(+)극으로 이동합니다. 이처럼 전자가 이동하는 현상을 전류라고 합니다. 전류와 자기는 어떤 관계가 있을까요? 전류가 흐르는 전선 주위에는 자기장이 만들어집니다. 그리고 자기장은 전류의 흐름에 따라 달라집니다. 이와 같은 원리를 이용하여 전자석과 모터, 발전기 등을 만드는 것이지요.

내 생각을 노트하세요.

3 투석기

가 왜 그럴까 예측해 보세요.

1. 음료수 병을 딸 때 사용하는 손으로 직접 당기는 것보다 병따개를 이용하는 것이 힘이 덜 듭니다. 왜 그럴까요?

2. 힘이 같은 사람이 공을 멀리 던지기 게임을 하려합니다. 어떻게 던져야 승리를 할 수 있을까요?

3. 한 사람이 같은 힘으로 배구공과 배구공과 같은 무게의 쇠구슬을 던졌습니다. 어느 것이 더 멀리 나갔을까요?

내 생각을 노트하세요.

나 무엇을 알 수 있을까요?

방향이 변하는 운동에 대해 설명할 수 있습니다. [초등 5학년, 중 1, 2학년]

다 준비하세요!

- 투석기 몸체, 막대기, 고무줄, 발사대, 발사대 연결체, 줄자 …

라 재미있게 상상하고 실험하세요.

1. 투석기 몸체를 조립합니다.
2. 투석기 몸체에 나무 막대를 조립합니다.
3. 발사대와 발사대 연결체를 결합합니다.
4. 나만의 발사체를 모델링하여 프린팅합니다.

내 생각을 노트하세요.

마 결과를 정리하세요.

1. 발사대 길이에 따른 발사거리

발사대 길이 (단위: cm)				
발사거리 (단위: cm)				

2. 발사 각도에 따른 발사거리

발사 각도 (단위: 도)				
발사거리 (단위: cm)				

3. 발사체의 모양에 따른 발사거리

발사체 모양				
발사거리 (단위: cm)				

내 생각을 노트하세요.

바 왜 그럴까요?

1. 발사대 길이, 발사 각도와 발사체 모양을 가로축으로 발사거리를 세로축으로 한 그래프를 각각 그려보세요.

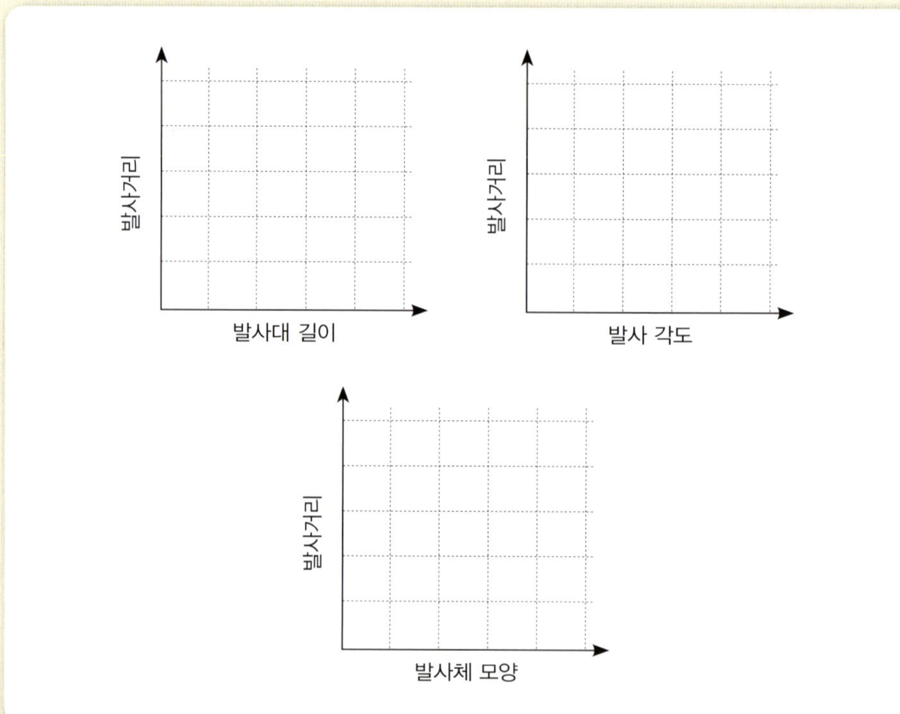

2. 발사거리를 최대로 하기 위한 조건을 정리해 보세요.

내 생각을 노트하세요.

사 이유가 맞는지 확인해보세요!

1. 3m 거리의 목표물을 맞추기 위한 조건을 찾아보세요.

2. 거리 2m와 높이 40cm의 바구니에 발사체를 넣기 위한 조건을 찾아보세요.

아 함께 새로운 세상을 설계해 보세요!

1. 지레의 원리는 큰 힘이 필요한 곳에 작은 힘으로 해결할 수 있는 유용한 도구입니다. 우리 주변에 지레의 원리를 이용하면 좀더 편리한 것을 찾고 그에 맞는 도구를 설계해 보세요.(예 작은 힘으로 큰 힘을 내는 가위 설계)

2. 투석기의 성능을 높이기 위한 것은 어떤 것들이 있을지 토론해보세요.

자 함께 만들어 보세요.

세상에 아직 소개되지 않은 나만의 투석기를 만들어 보세요.

내 생각을 노트하세요.

차 교과서 학습 내용

1. 투석기 관련한 기본 개념

투석기는 중세시대에 성을 공격하기 위해 돌을 멀리 던지는 발사기구입니다. 활에 비해 정확도는 떨어지지만 무게가 큰 돌을 멀리에서 던져 성벽을 무너뜨리거나 적을 직접 공격할 수 있어서 매우 효과적인 공격무기였습니다. 그리고 투석기를 이용하여 돌 뿐만 아니라 오물이 담긴 통 등을 적진에 떨어뜨려 적진에 전염병을 퍼트리기도 했습니다. 일반적으로 탄성력을 이용한 탄성체형과 지렛대의 원리를 이용한 시소형 투석기로 구분할 수 있습니다. 탄성체 투석기는 탄성력을 조절할 수 있어서 한 위치에서 공격거리를 조절할 수 있지요.

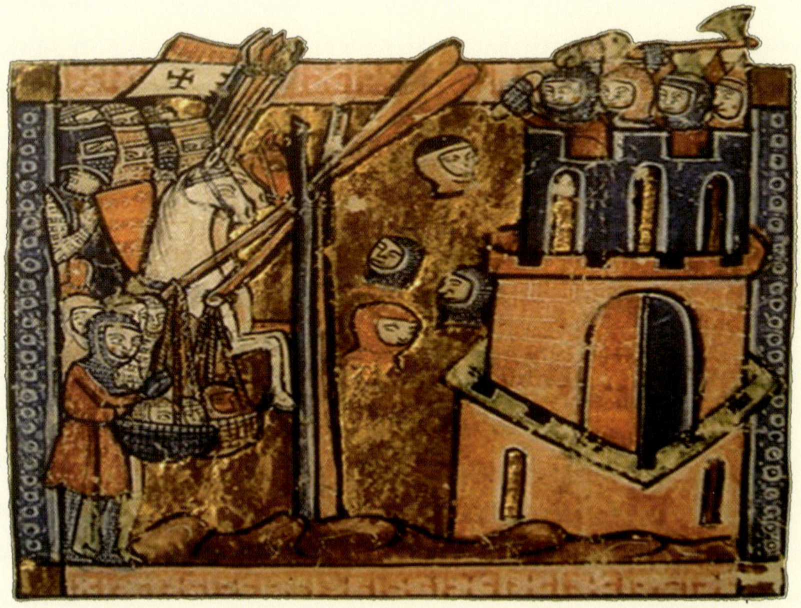

1189년 8월 사자삼왕 리처드 1세 십자군의 이크레 공성전

2. 지렛대의 원리

지레는 막대의 한 점을 물체에 받쳐 고정하고(받침점), 한쪽에는 물체를 올려놓고(작용

내 생각을 노트하세요.

점), 다른 한쪽에는 힘을 가해서(힘점) 작은 힘으로 무거운 물체를 들어 올릴 수 있는 도구입니다.

지레는 힘점과 받침점 사이의 거리가 작용점과 받침점 사이의 거리보다 길어야 가한 힘보다 더 큰 힘이 작용점에 작용하게 됩니다. 이것을 정리하면, 힘점에서 주는 힘과 힘점에서 받침점까지의 거리의 곱과 작용점에 있는 물체의 무게와 작용점과 받침점 사이의 거리의 곱은 같습니다. 이것이 바로 지렛대의 원리입니다.

지레의 종류는 힘점, 작용점, 받침점의 위치에 따라 3가지로 구분할 수 있습니다.

1종 지레는 받침점이 힘점과 작용점 사이에 있는 것으로 받침점의 위치가 물체에 가까울수록 힘이 덜 들고 힘을 가한 방향과 물체가 움직이는 방향은 서로 반대가 됩니다.(예 가위, 집게 등)

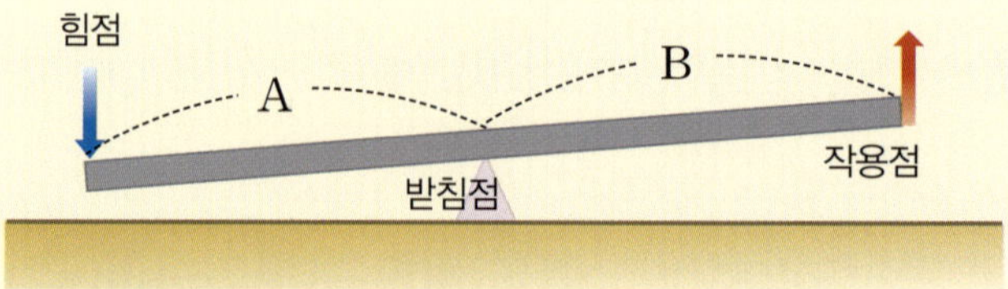

2종 지레는 작용점이 힘점과 받침점 사이에 있는 것으로 1종 지레와 같이 받침점과 힘점 및 작용점의 위치에 따라 힘의 이득이 달라지며 힘을 가한 방향과 물체가 움직이는 방향이 같습니다.(예 병따개, 스테이플러 등)

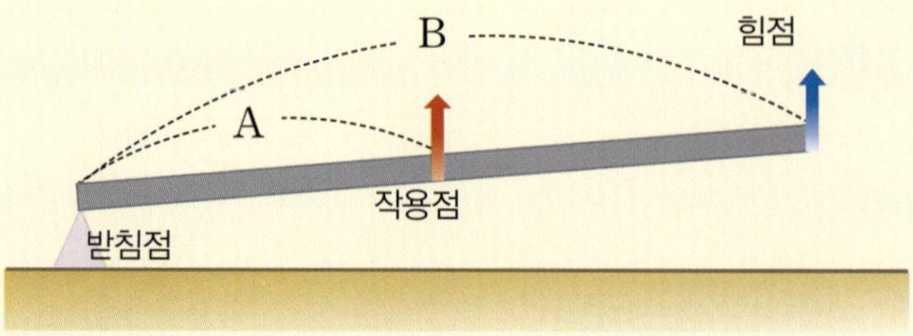

3종 지레는 힘점이 작용점과 받침점 사이에 있는 것으로 이동거리의 이득을 봅니다.(예 핀셋, 젓가락 등)

내 생각을 노트하세요.

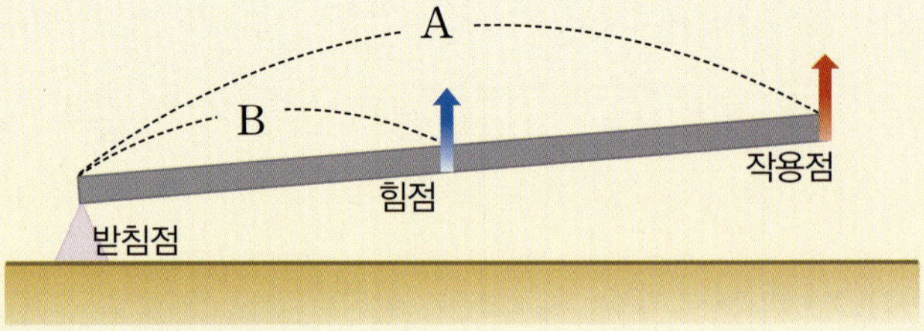

지레의 원리를 밝혀낸 아르키메데스는 지레의 유용함을 설명하기 위해 지레를 이용하면 지구도 움직일 수 있다고 했다고 합니다.

3. 탄성력(Elastic Force)

물체에 외력(외부에서 작용한 힘)이 가해져 운동 상태가 변하지 않고 물체의 외형이 변할 때, 외력이 없어지면 다시 원래의 형태로 돌아오는 성질을 탄성이라고 합니다. 이때 원래의 형태로 돌아오려는 힘이 탄성력입니다. 탄성체를 변형시키는 힘을 탄성 변형력이라고 한다면 변형된 탄성체를 다시 원형으로 돌아오게 하는 힘을 탄성력이라고 할 수 있습니다.

내 생각을 노트하세요.

탄성력의 크기는 외력에 의해 탄성체의 변화된 길이에 비례하게 되는 이를 식을 스프링에 대하여 정리하면 다음과 같습니다.

$$F = kx$$

여기에서 k는 스프링계수, z는 변화된 길이를 의미합니다.

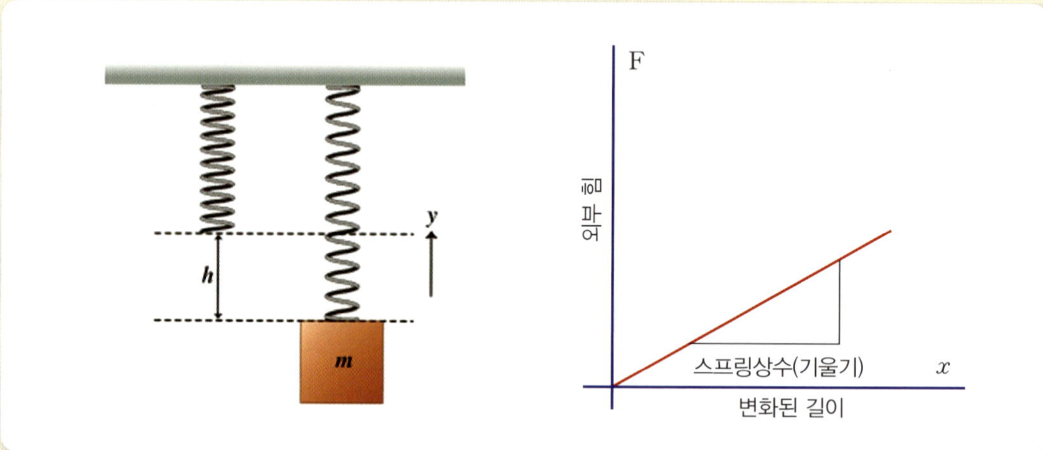

탄성력과 관련된 용어 중 탄성한계라는 것이 있지요. 탄성한계는 탄성한도라고도 하는데 물체가 외부의 힘을 받아 변형하고 외부의 힘을 없애면 물체 본래의 형태로 다시 돌아올 수 있는 최대의 외력을 의미합니다. 즉, 탄성한계보다 큰 힘을 물체에 가하면 그 힘을 업애도 물체 본래의 형태로 다시 돌아오지 않습니다. 예로 용수철에 큰 힘을 가하여 많이 당기면 원래 모습으로 돌아가지 않게 됩니다.

※ 투석기를 제작할 때 사용할 탄성체의 탄성 한계를 넘지 않도록 조작해야 합니다.

내 생각을 노트하세요.

4. 포물선 운동

포물선 운동은 두 가지 기본적인 운동이 합쳐진 운동입니다. 아래 그림을 통해 포물선 운동을 설명하면 공이 공중으로 날라 가는 동안 공에 작용하는 힘은 수직 방향으로 작용하는 중력 밖에 없습니다. 따라서 포물선 운동을 하는 공을 위에서 아래로 즉 수평방향으로 공을 보면 공은 속도가 변하지 않는 등속도 운동을 하지만 옆에서 수직방향으로 보면 중력이 일정하게 작용하기 때문에 공은 일정하게 속도가 변하는 등가속도 운동을 하게 됩니다. 결국, 바닥에 대해 수평방향으로는 등속 운동, 수직 방향으로는 등가속도 운동을 하려면 공은 직선궤도가 아닌 포물선 궤도를 그리게 됩니다.

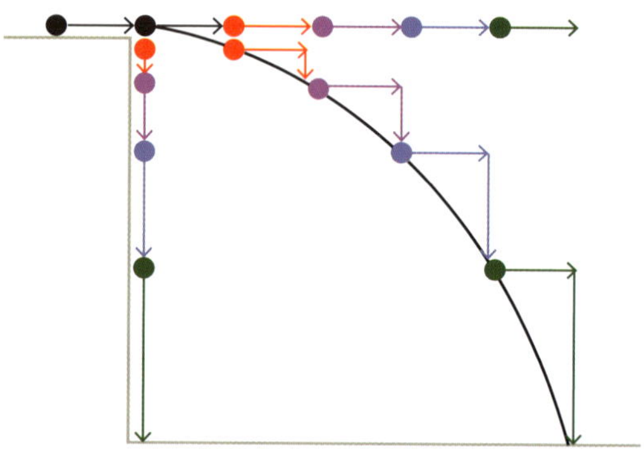

포물선 운동을
수직과 수평 방향 운동으로 분석

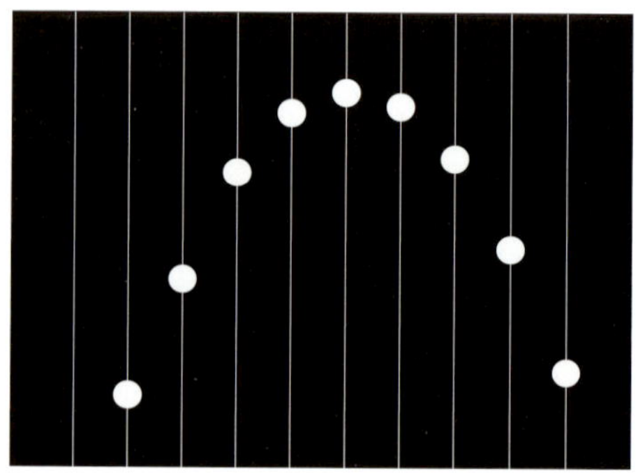

포물선 운동하는 공의 수평방향의
궤적을 보면 등간격임

내 생각을 노트하세요.

부록1

3D 모델을 만들어요 1)

가 화면 구성

화면 윗부분의 메뉴 바는 왼쪽메뉴 버튼들이 있는 메뉴 바와 오른쪽 기능 버튼들이 있는 툴 바로 다시 나눌 수 있는데 유용한 명령어들이 이들 항목에 포함되어 있습니다. 자주 사용되는 메뉴들은 단축키가 지정되어 있어 키보드 조작만으로 명령을 실행할 수 있습니다.

1) 본 교재는 한캐드를 이용합니다.

1. 메뉴 바(manu bar)

기본메뉴

새 작업	새로운 작업을 시작합니다.
불러오기	저장한 파일을 불러옵니다.
저장하기	작업한 파일을 저장합니다.
가져오기	다른 형식의 파일을 가져옵니다.
인터넷 저장	Web 작업 공간에 저장합니다(파일 업로드).
STL로 출력	STL 파일로 출력합니다.
환경 설정	한캐드의 환경을 설정합니다.
프로그램 종류	한캐드를 종류합니다.

한캐드는 여러 종류의 해상도를 지원합니다. 자신의 모니터 해상도에 맞는 해상도를 선택합니다.

한캐드의 배경도 선택할 수 있는데 '배경' 버튼을 클릭하면 10가지 종류의 다양한 배경을 만날 수 있습니다. '좌표계'버튼 역시 10가지의 다양한 좌표 디자인 환경을 제공합니다.

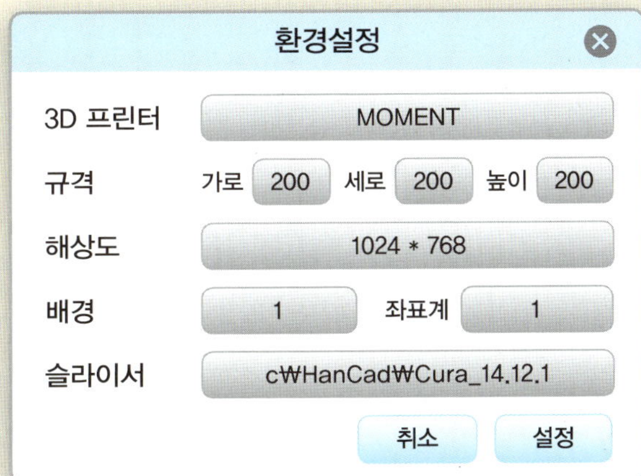

편집메뉴

메뉴	단축키	설명
되돌리기	^u	이전 작업을 되돌립니다.
복사하기	^c	오브젝트를 복사합니다.
붙여넣기	^v	오브젝트를 붙여 넣습니다.
삭제	Del	오브젝트를 삭제합니다.

Ctrl 단추와 C 단추를 함께 눌러 복사하고 Ctrl 단추와 V 단추를 함께 눌러 붙여넣기를 할 수 있습니다.
(여기서 오프젝트(object)라 하는 것은 복사하거나 붙여넣기 할 도형이나 형상을 말하는 것입니다.)

글자입력

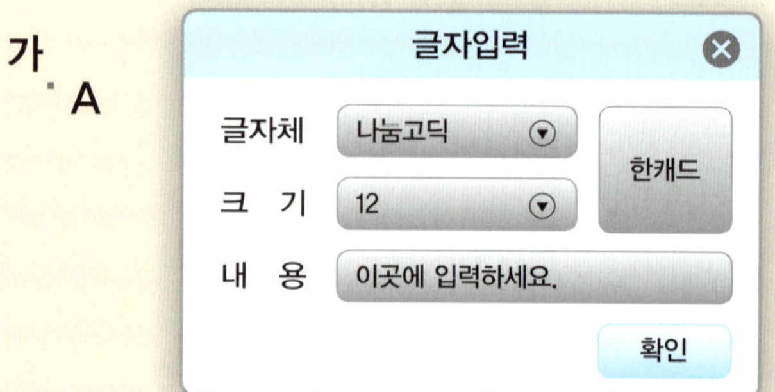

글자입력 기능을 사용하면 입체 글자를 만들 수 있습니다.
한글도 입력할 수 있으고 폰트(font)와 크기를 자유롭게 변경할 수 있습니다.

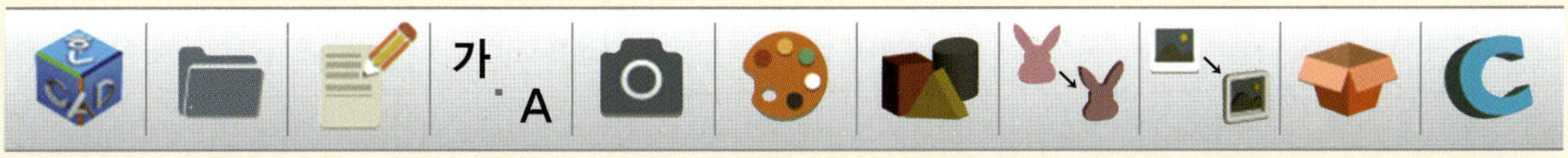

작품 촬영

컴퓨터의 화면에 있는 것을 촬영(스크린 샷(screen shot))합니다. 이미지 크기를 지정할 수 있습니다.

팔렛트

모델들을 원하는 색상으로 변경할 수 있습니다. 주어진 색을 이용하거나 스포이드를 이용하여 화면에 있는 색을 얻을 수 있어요.

기본 도형

한캐드에서 제공하는 기본 도형은 110개입니다. 여러분이 원하는 모델을 만들기 위해서는 주어진 기본 도형을 사용합니다. 기본 도형을 만들고 위치, 방향, 크기를 변화시켜 3D 모델을 만듭니다. 기본 도형들을 이용하여 편집하는 기능은 툴바(tool bar)에 있는 기능들을 이용합니다. 다양한 모양을 만들어 보세요.

모양 따기

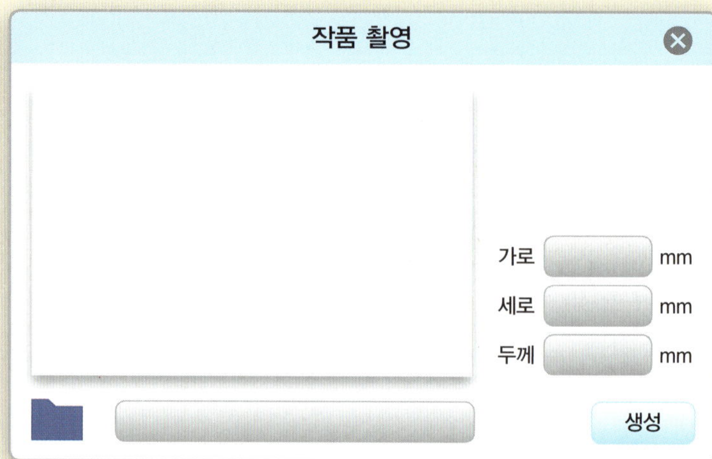

2D 사진(jpg , bmp , png)을 이용하여 입체의 오브젝트(모델)로 생성합니다.

사진 변환

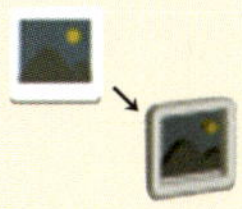

2D 사진(jpg , bmp , png) 전체를 3D 사진으로 변환합니다.

큐라 슬라이서

2. 툴바(tool bar)

오브젝트를 변형시키는 각종 기능 단추들이 모여 있습니다.

원점 이동

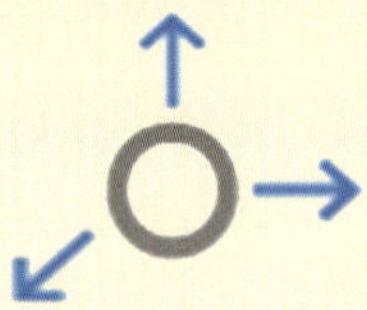

오프젝트를 기본 좌표계의 원점으로 이동시킵니다. 오브젝트를 더블 클릭(double click)하면 위치가 다시 조정됩니다.

객체 중심 이동

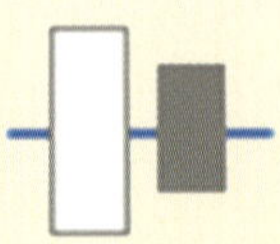

선택한 오브젝트를 선택할 오브젝트의 중심으로 이동합니다.

합치기, 붙이기, 빼기, 교집합

- 합치기: 두 개의 오브젝트를 더합니다.
- 붙이기: 두 개의 오브젝트의 내부 면을 자르지 않고 붙여서 더합니다.
- 빼기: 선택한 오브젝트를 선택할 오브젝트에서 뺍니다.
- 교집합: 두 오브젝트 모두에 속해 있는 부분만 남깁니다.
- 자르기: 오브젝트를 자릅니다. 자르기 칼의 크기와 각도를 조절할 수 있습니다.
- 합치기, 붙이기, 빼기, 교집합, 자르기는 최종적으로 연산단추를 선택해야 실행합니다. 오브젝트의 형상에 따라 연산시간이 오래 걸리거나 실패할 수 있으니 주의하세요.

뒤집기

거울을 보듯이 오브젝트를 뒤집습니다.

연결

- 선택한 오브젝트를 연결합니다.
- 연결한 오브젝트를 끊습니다.

투명

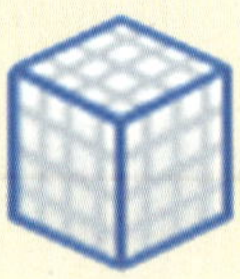

- 오브젝트 속성을 순간 투명하게 보여줍니다.
- 오브젝트 안쪽 면을 확인할 때 사용합니다.

3. 카메라 컨트롤러(camera controller)

오브젝트의 다양한 면을 살펴볼 수 있는 곳입니다.

<u>홈 버튼</u> 

혼 버튼으로 초기 원점의 좌표로 돌아갑니다(단축키: H).

<u>Top view</u> 

오브젝트의 위쪽 형태를 보여 줍니다.

<u>Right view</u> 

오브젝트의 오른쪽 형태를 보여 줍니다.

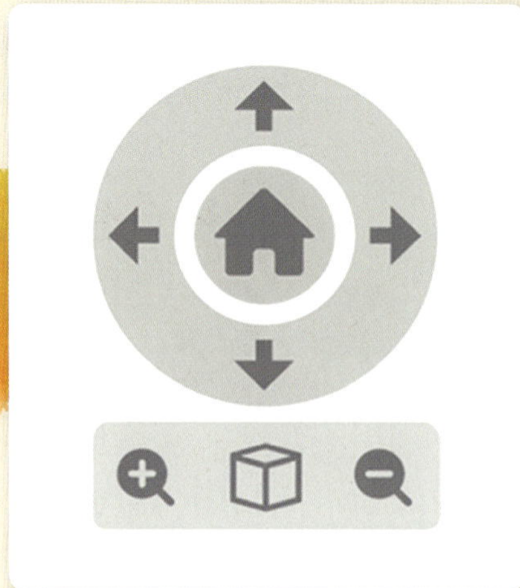

Bottom view

오브젝트의 아래쪽, 바닥면 형태를 보여 줍니다.

Left view

오브젝트의 왼쪽 면을 보여줍니다.

포커스(focus)

- 선택한 오브젝트의 원점으로 보여줍니다.(단축키: F)
- 계속 눌러보면 다른 오브젝트로 이동하게 됩니다. 오브젝트가 잘 선택되지 않을 때는 이 방법으로 선택하실 수 있습니다.

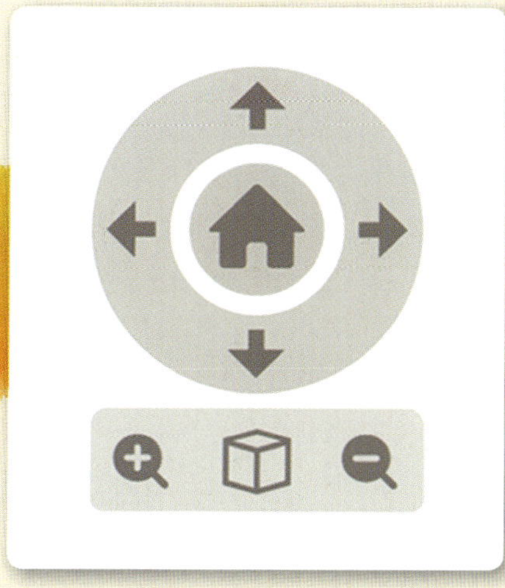

줌인(zoom in)

크게 보여줍니다.(카메라를 앞으로 이동합니다).

줌 아웃(zoom out)

작게 보여줍니다.(카메라를 뒤로 이동합니다).

4. 오브젝트 컨트롤러(object controller)

- 오브젝트를 생성할 때나 선택했을 때 나타나는 윈도우(window)입니다. 오브젝트의 위치, 회전, 크기를 조절합니다.

- 기본 단위는 밀리미터로 되어 있으며, 수치를 직접 입력할 수 있습니다. 화살표 버튼으로도 수치를 변경 할 수 있습니다.

- 간격(mm)을 체크하면 지정되어 있는 간격 단위로 조절합니다.(스냅 기능: 단축키: S)

위치

오브젝트의 위치를 조절합니다.(단축키: W)

회전

오브젝트를 회전합니다.

크기 조절

오브젝트의 크기를 조절합니다. (단축키: R)

부록 2

3D 모델을 프린팅해요 [2)]

가 안전한 프린터 사용을 위한 주의사항

1. 기기 주변에 아동이 있을 경우 관찰 및 보호가 필요합니다.

2. 출력물 및 버려지는 재료를 삼킬 경우, 질식 등의 위험이 있으므로 손에 닿지 않도록 주의하세요.

3. 프린터가 동작 중일 때는 작동부에 신체 부위를 넣지 마세요.

4. 노즐(nozzle)이나 히팅베드(heating bed) 접촉으로 화상을 입을 수 있으므로 장치가 완전히 식기 전에는 만지지 마세요.

2) 본 교재는 TPC 3D PRINTER인 FB-9600을 이용합니다.

나 프린터 소개

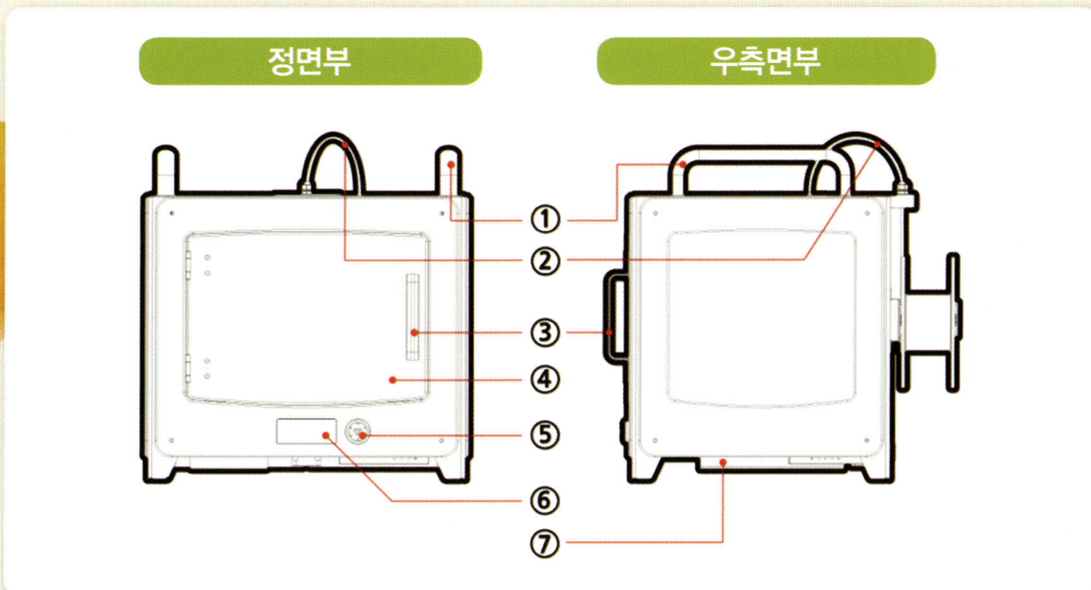

❶ 기기 손잡이

❷ 재료공급 튜브(후면의 재료가 노즐로 공급되는 연결 튜브)

❸ 전면 도어 손잡이

❹ 전면 개폐 아크릴 도어(도어를 열어 SD메모리 카드 삽입)

❺ 조작버튼(LCD화면의 메뉴 컨트롤)

❻ LCD창(온도, 속도 등을 확인)

❼ 전원 공급장치

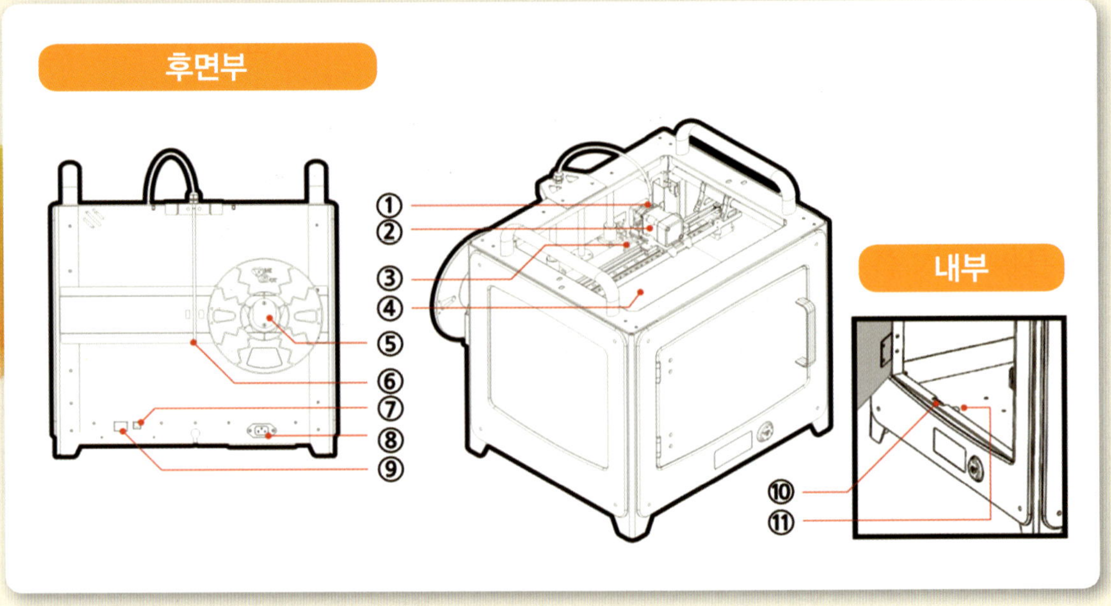

❶ 노즐 상부 재료 주입구

❷ 재료 압출용 모터

❸ 쿨링팬

❹ 베드(출력물이 적층되는 장소)

❺ 필라멘트 걸이 장치

❻ 필라멘트 주입구(필라멘트를 넣어주는 입구)

❼ USB 포트(PC와 연결을 위한 포트)

❽ 전원 소켓

❾ 전원스위치

❿ SD 메모리카드 주입구

⓫ 기기 리셋버튼(긴급정치 및 초기화)

1. LCD 화면 구성

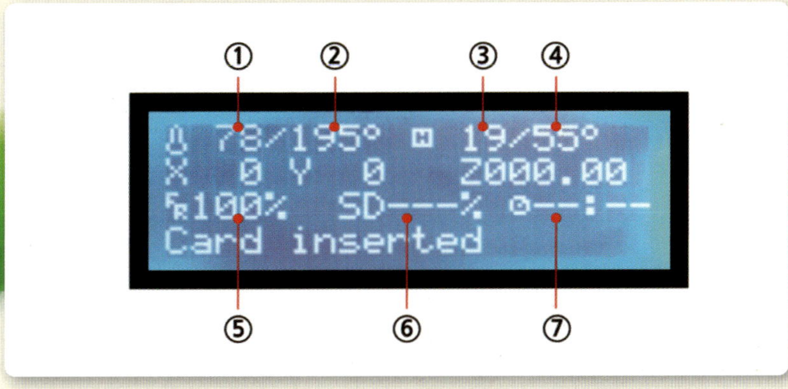

❶ 노즐 현재온도

❷ 노즐 예열 목표온도

❸ 베드 현재온도(옵션)

❹ 베드 예열 목표온도(옵션)

❺ 속도(%)

❻ SD카드 출력 진행도(%)

❼ 출력 경과시간 표시

다 프린터 사용방법

1. LCD 조절 버튼 조작방법

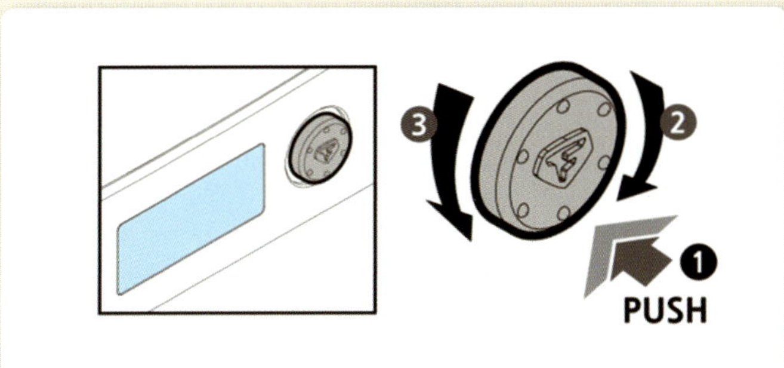

❶ 누름 – 선택

❷ 시계 방향 – 커서 위로 이동

❸ 반시계 방향 – 커서 아래로 이동

2. 기기 초기화 방법

ㄱ. 전면 아크릴 도어를 엽니다.

ㄴ. LCD 창 안쪽에 흰색의 버튼(리셋버튼)을 누릅니다.

※ 긴급 비상정지 기능으로도 사용 가능

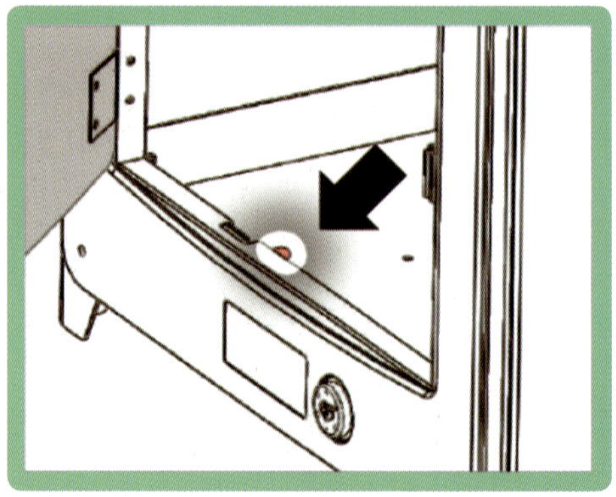

3. 출력 중 긴급정지 방법

방법 1 LCD 메뉴 중「Stop Print」를 실행해 주세요.

방법 2 리셋버튼을 누릅니다.

4. 출력 중 속도 조절 방법

출력 중 LCD 조절 버튼을 오른쪽으로 돌리면 출력 속도가 증가되고 왼쪽으로 돌리면 출력속도가 감소됩니다.

※ LCD 창에 나타나는 F/R은 출력속도를 표시하는 것으로 G코드 생성시 설정된 속도에 대한 %로 나타납니다.

LCD 메뉴 구성도

- ▶ User Setting — 사용자 세팅
  - ▶ Set PLA 1 — PLA 온도 원터치 세팅 1
  - ▶ Set PLA 2 — PLA 온도 원터치 세팅 2
  - ▶ Set PLA 3 — PLA 온도 원터치 세팅 3
  - ▶ Set ABS 1 — ABS 온도 원터치 세팅 1 (히트베드 사양에 해당)
  - ▶ Set ABS 2 — ABS 온도 원터치 세팅 2 (히트베드 사양에 해당)
  - ▶ Set ABS 3 — ABS 온도 원터치 세팅 3 (히트베드 사양에 해당)
- ▶ Filament Change — 필라멘트 체인지
  - ▶ Filament Loading — 필라멘트 아래로 내리기
- ▶ Prepare — 준비
  - ▶ Disable Steppers — 수도 제어
  - ▶ AutoHome — XYZ축 0점 위치로 이동
- ▶ Control — 개별설정
  - ▶ Temperature — 온도 등 세부 개별 설정
    - ▶ Nozzle — 노즐의 온도설정
    - ▶ Bed — 베드의 온도설정 (히트베드 사양에 해당)
    - ▶ Fan Speed — 냉각팬 속도설정 (0~255)
    - ▶ Preheat PLA conf... — PLA온도 세팅 변경
      - ▶ Nozzle — 노즐의 온도설정
      - ▶ PLA 1 — PLA 1 온도세팅 변경
      - ▶ PLA 2 — PLA 2 온도 세팅 변경
      - ▶ PLA 3 — PLA 3 온도 세팅 변경
    - ▶ Preheat PLA conf... — ABS온도 세팅 변경 (히트베드 사양에 해당)
      - ▶ ABS 1 — ABS 1 온도세팅 변경
      - ▶ ABS 2 — ABS 2 온도세팅 변경
      - ▶ ABS 3 — ABS 3 온도세팅 변경
      - ▶ Store Memory — 세팅 저장
- ▶ Print from SD — SD메모리에 담긴 G코드파일 탐색
- ▶ Stop print — 출력 중 비상정지

내 생각을 노트하세요.

저자 소개

- 이양창
  대림대학교 기계과 교수

- 유충현
  대림대학교 기계과 교수

3D 프린팅으로 창의력을 키워요

발 행 일 | 2016년 1월 22일
저　　자 | 이양창 / 유충현
감　　수 | 권준박 / 김상진 / 유진규 / 이태홍 / 김광수 / 태선미
발 행 인 | 최 봉 조
발 행 처 | 진샘미디어
주　　소 | 서울시 은평구 연서로 5길 28 부호아파트 102동 상기 5호
전　　화 | 02)353-4421 / FAX 02)353-4431
홈페이지 | www.jinsam.co.kr

신고번호 | 제311-2005-000025호
ISBN | 979-11-85504-59-9 63550

정가 10,000원

본 교재는 미래창조과학부의 정보통신·방송 연구개발 사업 중 "모바일 기반의 3D 프린팅 콘텐츠 생성/저작/출력 기술 및 응용 서비스 개발"의 지원으로 작성되었습니다.